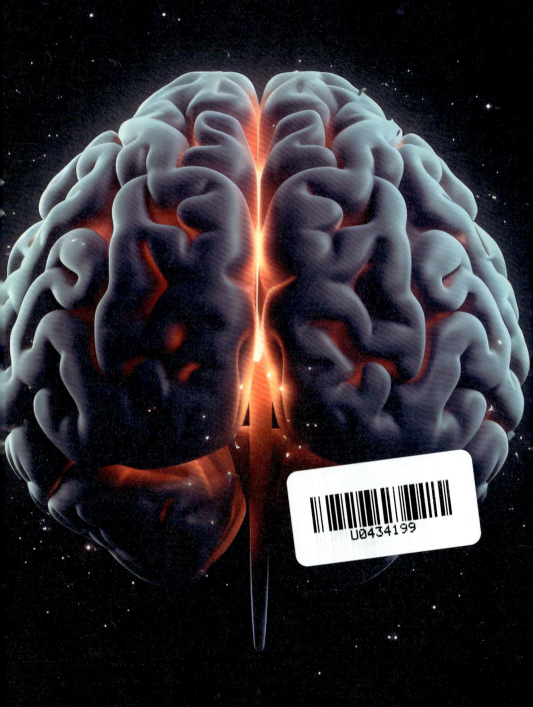

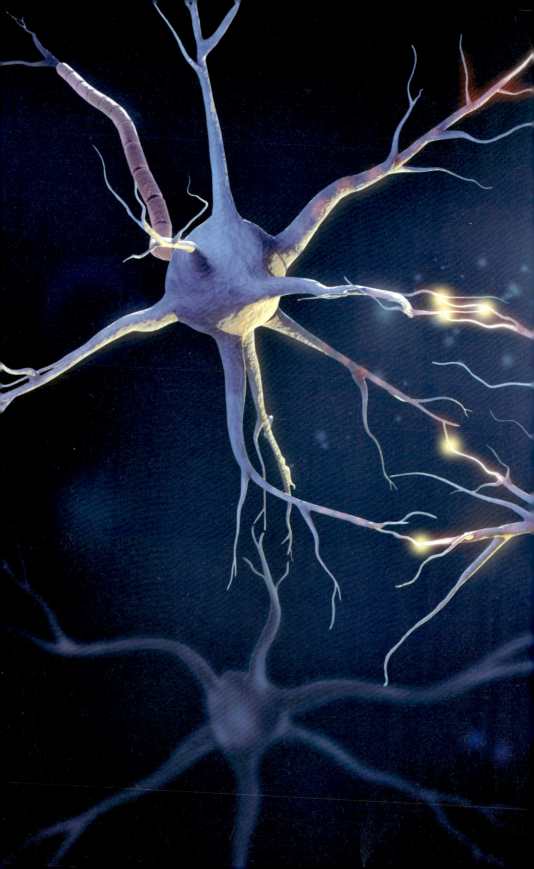

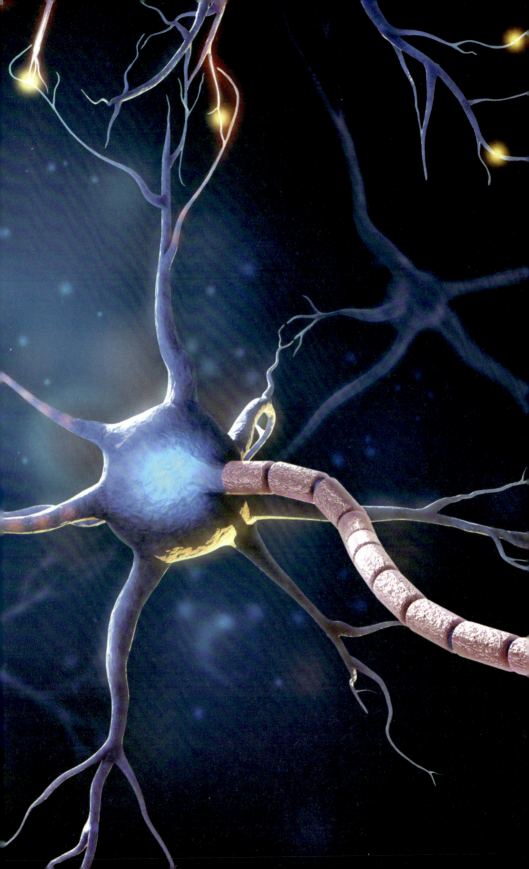

北大名师讲科普系列
编委会

编委会主任： 龚旗煌
编委会副主任： 方　方　马玉国　夏红卫
编委会委员： 马　岚　王亚章　王小恺　汲传波
　　　　　　　孙　晔　李　昀　李　明　杨薏璇
　　　　　　　陆　骄　陈良怡　陈　亮　郑如青
　　　　　　　秦　蕾　景志国

丛书主编： 方　方　马玉国

本册编写人员

编　　著： 苏彦捷
核心编者： 陈新月　曲小军　张志豪
其他编者： 于　璇　戴　颖　李　静　赵　春
　　　　　　阎　菲　陈　娜　李瀚海

北大名师讲科普系列
丛书主编　方方　马玉国

北京市科学技术协会
科普创作出版资金资助

探知无界
从心理学理解成长中的自己

苏彦捷　编著

北京大学出版社
PEKING UNIVERSITY PRESS

图书在版编目（CIP）数据

探知无界：从心理学理解成长中的自己 / 苏彦捷编著 . -- 北京：北京大学出版社，2025.1. -- （北大名师讲科普系列）. -- ISBN 978-7-301-35337-0

Ⅰ . B844.2

中国国家版本馆 CIP 数据核字第 20246ZV952 号

书　　　名	探知无界：从心理学理解成长中的自己
	TANZHI WUJIE：CONG XINLIXUE LIJIE CHENGZHANG ZHONG DE ZIJI
著作责任者	苏彦捷　编著
丛 书 策 划	姚成龙　王小恺
丛 书 主 持	李　晨　王　璠
责 任 编 辑	胡　媚
标 准 书 号	ISBN 978-7-301-35337-0
出 版 发 行	北京大学出版社
地　　　址	北京市海淀区成府路 205 号　100871
网　　　址	http://www.pup.cn　　新浪微博：@ 北京大学出版社
电 子 邮 箱	编辑部 zyjy@ pup.cn　总编室 zpup@ pup.cn
电　　　话	邮购部 010-62752015　发行部 010-62750672　编辑部 010-62704142
印 　刷 　者	北京九天鸿程印刷有限责任公司
经 　销 　者	新华书店
	787mm × 1092mm　16 开本　7.25 印张　72 千字
	2025 年 1 月第 1 版　2025 年 1 月第 1 次印刷
定　　　价	48.00 元

未经许可，不得以任何方式复制或抄袭本书之部分或全部内容。
版权所有，侵权必究
举报电话：010-62752024　电子邮箱：fd@pup.cn
图书如有印装质量问题，请与出版部联系，电话：010-62756370

总　序

龚旗煌

（北京大学校长，北京市科协副主席，中国科学院院士）

科学普及（以下简称"科普"）是实现创新发展的重要基础性工作。党的十八大以来，习近平总书记高度重视科普工作，多次在不同场合强调"要广泛开展科学普及活动，形成热爱科学、崇尚科学的社会氛围，提高全民族科学素质""要把科学普及放在与科技创新同等重要的位置"，这些重要论述为我们做好新时代科普工作指明了前进方向、提供了根本遵循。当前，我们正在以中国式现代化全面推进强国建设、民族复兴伟业，更需要加强科普工作，为建设世界科技强国筑牢基础。

做好科普工作需要全社会的共同努力，特别是高校和科研机构教学资源丰富、科研设施完善，是开展科普工作的主力军。作为国内一流的高水平研究型大学，北京大学在开展科普工作方面具有得天独厚的条件和优势。一是学科种类齐全，北京大学拥有哲学、法学、政治学、数学、物理学、化学、生物学等多个国家重点学科和世界一流学科。二是研究领域全面，学校的教学和研究涵盖了从基础科学到应用科学，从人文社会科学到自然科学、工程技术的广泛领域，形成了综合性、多元化的布局。三是科研实力雄厚，学校拥有一批高水平的科研机构和创新平台，包括国家重点实验室、国家工程研究中心等，为师生提供了广阔的科研空间和丰富的实践机会。

多年来，北京大学搭建了多项科普体验平台，定期面向公众开展科普教育活动，引导全民"学科学、爱科学、用科学"，在提高公众科学文化素质等方面做出了重要贡献。2021年秋季学期，在教育部支持下北京大学启动了"亚洲青少年交流计划"项目，来自中日两国的中学生共同参与线上课堂，相互学习、共同探讨。项目开展期间，两国中学生跟随北大教授们学习有关机器人技术、地球科学、气候变化、分子医学、化学、自然保护、考古学、天文学、心理学及东西方艺术等方面的知识与技能，探索相关学科前沿的研究课题，培养了学生跨学科思维与科学家精神，激发学生对科学研究的兴趣与热情。

"北大名师讲科普系列"缘起于"亚洲青少年交流计划"的科普课程，该系列课程借助北京大学附属中学开设的大中贯通课程得到进一步完善，最后浓缩为这套散发着油墨清香的科普丛书，并顺利入选北京市科学技术协会2024年科普创作出版资金资助项目。这套科普丛书汇聚了北京大学多个院系老师们的心血。通过阅读本套科普丛书，青少年读者可以探索机器人的奥秘、环境气候的变迁原因、显微镜的奇妙、人与自然的和谐共生之道，领略火山的壮观、宇宙的浩瀚、生命中的化学反应，等等。同时，这套科普丛书还融入了人文艺术的元素，使读者们有机会感受不同国家文化与艺术的魅力、云冈石窟的壮丽之美，从心理学角度探索青少年期这一充满挑战和无限希望的特殊阶段。

这套科普丛书也是我们加强科普与科研结合，助力加快形成全社会共同参与的大科普格局的一次尝试。我们希望这套科普丛书能为青少年读者提供一个"预见未来"的机会，增强他们对科普内容的热情与兴趣，增进其对科学工作的向往，点燃他们当科学家的梦想，让更多的优秀人才竞相涌现，进一步夯实加快实现高水平科技自立自强的根基。

目 录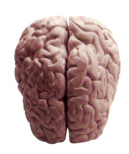
CONTENTS

导　语 / 1

第一讲 | 了解我们的大脑 / 3

　　一、大脑的生长与变化　/ 9

　　二、促进大脑发展的因素　/ 25

第二讲 | 什么是心理理解能力？ / 43

　　一、心理理解能力概念的起源　/ 48

　　二、心理理解能力的线索　/ 58

　　三、心理理解能力的培养　/ 65

　　四、心理理解能力的应用　/ 71

第三讲　了解青少年期的自己　/ 77

　　一、艰难的生命旅程　/ 84
　　二、了解青春期　/ 86
　　三、了解青少年期　/ 90

导 语

　　心理学是一门涉及范围极广的学科,它的触角触及每个人的内心世界及复杂多变的社会生活。学习心理学,可以帮助我们了解自己。当我们掌握了一些心理学知识后,在生活中再遇到一些问题时,我们可以从心理学的视角去解释、去理解,进而促使我们进行有意识的自我反思。

　　学习心理学,并不意味着我们将来一定要从事心理学研究工作,而是通过学习一些心理学知识,我们能够更好地理解自己、解释生活中遇到的问题,从而帮助我们生活得更美好、更幸福!

感兴趣的读者可扫描二维码观看本课程视频节选

第一讲

了解我们的大脑

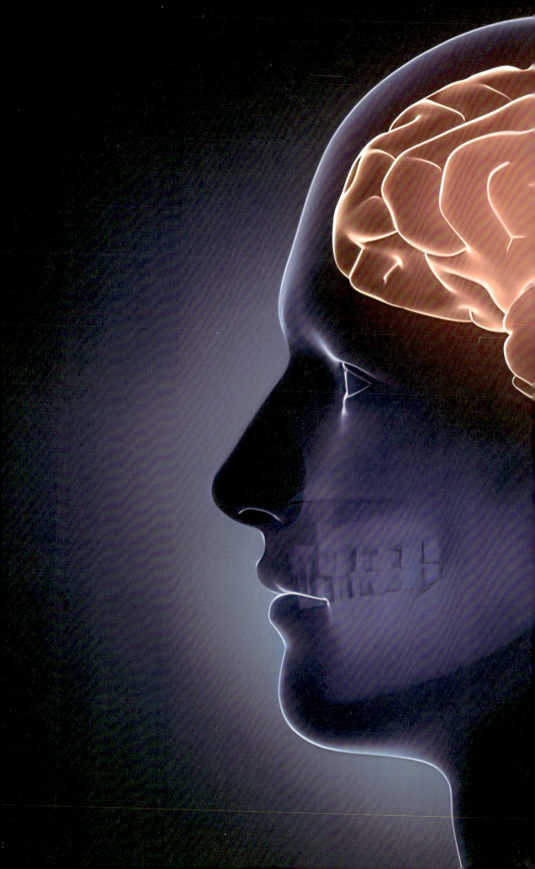

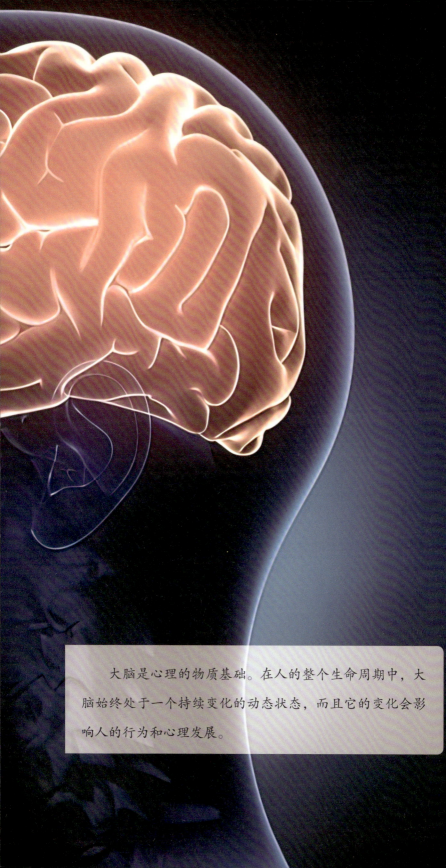

大脑是心理的物质基础。在人的整个生命周期中,大脑始终处于一个持续变化的动态状态,而且它的变化会影响人的行为和心理发展。

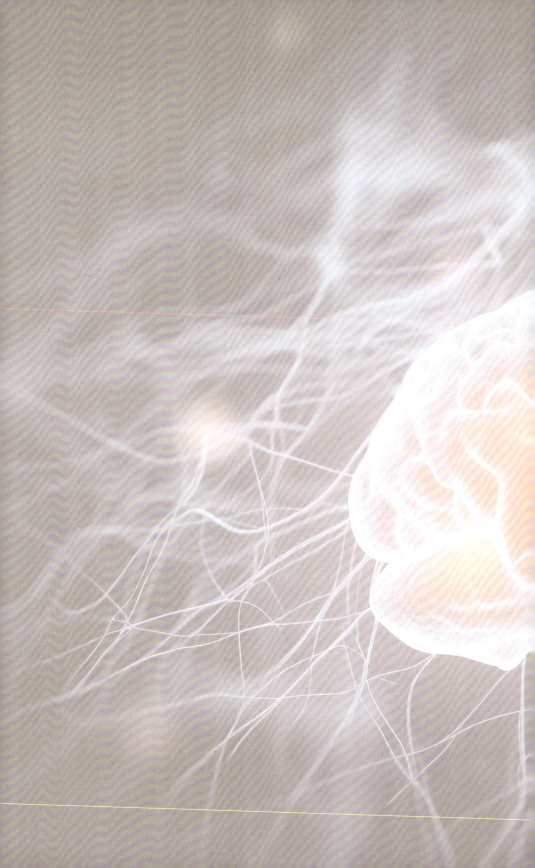

大脑是心理的物质基础，要解密我们的心理特点和规律，离不开对大脑的探索。从孕育之初到生命尽头，大脑的变化伴随着我们每一步的成长。本讲我们将深入了解大脑的奥秘，揭秘其生长与变化的规律，探讨环境、运动、睡眠等多种因素对大脑发展的影响。

| **探知无界** | 从心理学理解成长中的自己

　　心理学主要是研究人的行为、心理的特点和规律的学科。心理学涉及的领域非常宽泛。心理学的一端和硬科学有关，例如，心理的物质基础——大脑和它的生理过程，大脑让人表现出的某种行为或某种情绪，以及心理学最经典的一些领域，包括感知觉、学习、记忆、思维、智力、人格等都与硬科学有联系。而心理学的另一端也和人文社会科学，如心理学与社会学、人类学等有关。总而言之，心理学是一门涉及范围特别宽泛的学科，它关注着人的行为、心理的特点和规律。

知识链接

　　硬科学：通常指自然科学和物理科学，如物理、化学、生物学等，它们依赖于实验和观察，追求可重复验证的客观事实和规律。软科学则包括社会科学和人文科学，如心理学、社会学、经济学等，它们侧重于人类行为、社会结构和文化现象的研究，往往涉及更多主观性和复杂性。

一、大脑的生长与变化

从生命的孕育直至生命的终结，人的心理发展展现出一系列独特的特点与规律。在这个过程中，我们需要重点关注心理的物质基础——大脑。在人的整个生命周期中，大脑始终处于一个持续变化的动态状态，而且它的变化会影响人的行为和心理发展，这是一个非常复杂的过程。简而言之，环境、运动、睡眠及各类外界刺激都会对大脑的发展产生影响，而大脑的发展又为我们的行为和心理成长提供坚实的基础。

（一）大脑是神经系统的关键组成部分

大脑是神经系统的关键部分，要了解大脑，我们需要对神经系统有一个简单的了解。

1. 神经系统的基本组成

神经系统主要包括中枢神经系统和外周神经系统。

中枢神经系统包括脑（端脑、间脑、中脑、脑桥、延脑和小脑等，位于颅腔内）和脊髓（位于椎管内）。

在中枢神经系统内，大量神经细胞聚集在一起，形成许多不同的神经核团和神经中枢，分别负责调控某一特定的生理功能，如脊髓中的膝跳反射中枢负责调控腿部肌肉的快速反应。

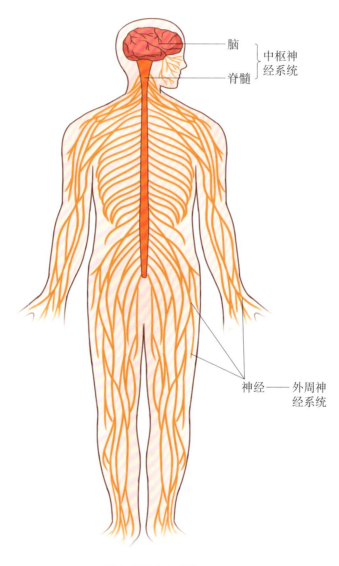

神经系统基本结构

| 第一讲 | 了解我们的大脑

知识链接

膝跳反射：当我们轻敲膝盖下方的某个点时，腿部会不由自主地弹起，这就是膝跳反射。膝跳反射的神经中枢是低级神经中枢，位于脊髓的灰质内。但在完成膝跳反射的同时，脊髓中通向大脑的神经会将这一神经冲动传导至大脑，使人感觉膝盖被叩击了。

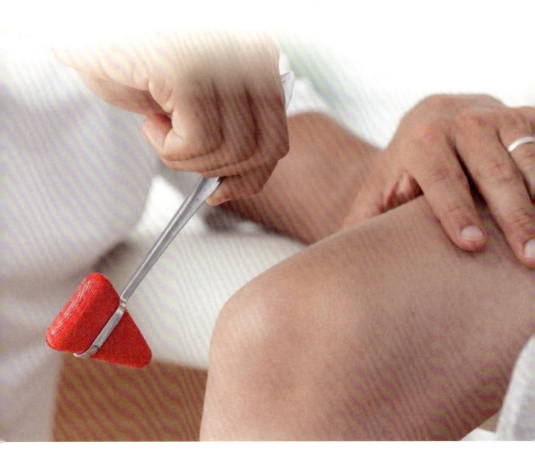

外周神经系统包括与脑相连的脑神经和与脊髓相连的脊神经。人的**脑神经**共有12对，主要分布在头面部，负责管理头面部的感觉和运动；**脊神经**共有31对，主要分布在躯干、四肢，负责管理躯干、四肢的感觉和运动。此外，脑神经和脊神经中都有支配内脏器官的神经。

知识链接

脑神经包括嗅神经、视神经、动眼神经、滑车神经、三叉神经、外展神经、面神经、位听神经、舌咽神经、迷走神经、副神经、舌下神经。

脊神经包括8对颈神经，12对胸神经，5对腰神经，5对骶神经，1对尾神经。

2. 神经系统的发展

受精卵形成后细胞分裂并逐渐移动到子宫，10～14天在子宫壁着床后开始随后的发育。当卵裂产生的子细胞紧密聚集，形成类似桑葚的细胞团，这时的胚胎称为桑葚胚。随后，胚胎进一步发育，细胞开始分化。具体而言，一部分细胞聚集在胚胎的一端，形成内细胞团，这些细胞

将来会发育成胎儿的各种组织。而另一部分细胞则沿胚胎外围排列，称为滋养层细胞，它们将发育成胎膜和胎盘，为胚胎提供保护和营养。随着胚胎继续发育，内部形成了一个充满液体的腔室，即囊胚腔，标志着胚胎进入了囊胚阶段。

受精卵　2细胞　4细胞　8细胞　桑葚胚　囊胚

胚胎早期发育示意图

囊胚的进一步扩张可能导致其外层的透明带破裂，胚胎从中伸展出来，这一过程称为孵化。孵化是胚胎继续发育的必要条件，若孵化失败，胚胎将无法进一步成长。孵化后的囊胚逐渐演变为原肠胚，其结构更为复杂。原肠胚的表面细胞层构成

外胚层,向内迁移的细胞则形成内胚层。此外,还有部分细胞在内外胚层之间形成中胚层。这三层胚层将逐渐分化,形成胚胎的各种组织、器官和系统。值得注意的是,神经系统正是由外胚层发育而来的。外胚层沿中轴增厚,形成神经板,神经板向下凹陷形成神经沟,最终融合成为神经管。神经管是中枢神经系统发育的基础,神经管前端发育为脑,后端形成脊髓。

你身上的肌肉和血管是由哪种胚层发育而来的?

(二)大脑的重要组成部分

人的大脑的形状类似核桃,成人的大脑大概重 1400 g。婴儿出生时的大脑重量是成人大脑重量的 25%,到 2 岁时大脑重量达到 75%,在 6 岁左右达到 90%,直到 25～30 岁,人的大脑才完全发育成熟。

大脑最重要的是拥有组成神经系统的细胞,组成神经系统的细胞主要包括神经胶质细胞和神经元两大类。

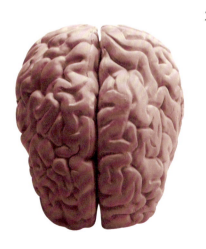

神经胶质细胞广泛分布于神经元之间，能够为神经元提供营养，并起到支撑神经元的作用。神经元数量在860亿左右，而神经胶质细胞的数量大约是神经元数量的10～50倍。目前，有研究者发现神经胶质细胞还可能会参与认知等功能。

神经元是神经系统结构与功能的基本单位，它由细胞体、树突和轴突等构成。细胞体是神经元的膨大部分，内含细胞核。树突是细胞体向外伸出的树枝状突起，用来接收信息并传送到细胞体。轴突是神经元的长而较细的突起，它可以将信息从细胞体传给下一个神经元。

轴突表面一开始都是裸露的，之后，由神经胶质细胞构成的髓鞘像电线外皮一样包裹它。髓鞘把轴突包成一段一段的，中间会有一些裸露的点，这让神经冲动不是"一步一步"地移动，而是跳跃式地传导，使得神经传导的速度显著加快。长的轴突有利于神经元将信息输送到远距离的支配器官，树突数量多有利于充分接收信息。

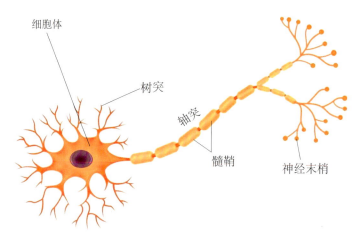

神经元结构

神经元的轴突可以相当长。例如，支配人足部肌肉的轴突的长度可以超过 1 m，而长颈鹿体内从头部延伸到骨盆的轴突大约有 3 m 长。

| 第一讲 | 了解我们的大脑

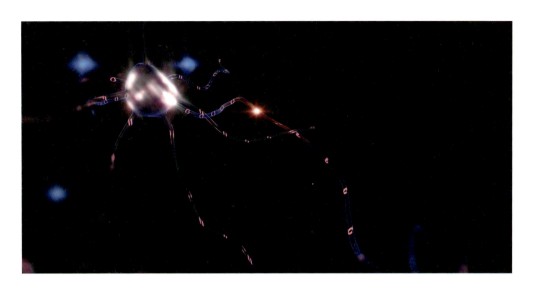

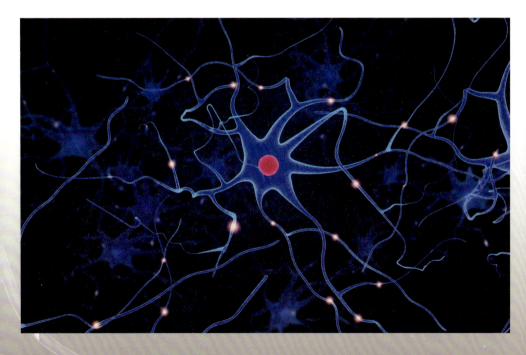

延伸阅读

神经系统是人体中最复杂和最神秘的部分之一,它由数以亿计的细胞组成。要精确计算这些细胞的数量,科学家们通常会采用一些特殊的方法来进行估算。以下是常用的一种估算方法的步骤:

1. 样本准备

先从一个动物的大脑中取出一小部分组织,这通常需要在动物死亡后进行。

2. 组织切片

使用精密的切片机将取出的脑组织切成非常薄的切片,这些切片的厚度通常只有几微米。

3. 染色处理

为了便于在显微镜下观察和计数,要对这些切片进行特殊的染色处理,使得细胞更加清晰可见。

4.用显微镜观察

在显微镜下仔细观察这些切片,并使用特定的软件或手动计数方法来统计切片中的细胞数量。

5.计算总细胞数

将单个切片中的细胞数量乘以切片的总数,再乘以大脑的总体积,从而估算出整个神经系统的细胞数量。

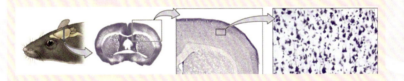

这种方法虽然可以提供大致的细胞数量,但估算结果可能会受到切片厚度、染色效果和计数方法等因素的影响,因此得到的是一个近似值。随着科学技术的发展,现在还有更先进的技术,如神经影像技术和计算机模拟,人们可以借助这些技术更精确地估算神经系统中的细胞数量。

婴儿刚出生时的大脑容量只有成人大脑容量的25%，但神经元的数量已和成人一样。那么，婴儿的神经元与成人相比还缺少什么呢？婴儿还需要发展神经元之间的联系，只有神经元之间形成错综复杂的网络，才能使神经系统中的各种功能得以实现，这些基本都是人出生后才发展的。

发展神经元之间的联系其实就是让神经元之间可以传递信息，而这个传递信息的部位被称为<u>突触</u>。神经元之间的联系并不是一种实质性的联系，如整个串成一条线或紧贴在一起。它们之间存在一个间隙，这个间隙被称为突触间隙。轴突末梢有一些囊泡，它们被称为突触小泡。突触小泡中储存着大量的神经递质，当有刺激出现时，突触小泡会开启并释放神经递质，这些神经递质会进入突触间隙，进而到达下一个神经元的树突或者细胞体上能够接收的位点，并与之结合，使得下一个神经元接收来自这个神经元的信息。

突触是神经系统中神经元之间传递信息的关键结构。它允许神经元之间进行信号传递，是大脑和整个神经系统功能的基础。突触的结构包括突触前膜、突触间隙与突触后膜。

在大脑发育过程中，0～2岁是突触快速形成的关键时期。在这个阶段，神经元之间的连接以惊人的速度增长，形成了一个庞大的神经网络。这些突触的大量形成为儿童提供了学习和适应环境的基础。然而，随着儿童的成长，大脑会经历一个称为"突触修剪"的过程。这个过程从儿童早期开始，并持续到青春期。在突触修剪期间，那些不经常使用或不参与重要功能的突触会逐渐减少或消失，而那些经常使用和对学习、记忆等关键功能至关重要的突触则得到加强和巩固。这种修剪过程是大脑优化其结构和功能的一种方式，它有助于提高神经网络的效率，使大脑能够更有效地处理信息。

| 探知无界 | 从心理学理解成长中的自己

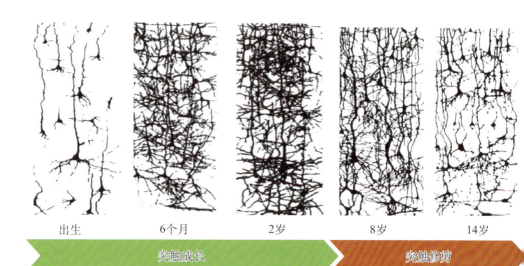

突触生长与突触修剪

在皮层发育发展过程中,神经元会迁移到起作用的位置上,在不同的位置分化出不同的功能,出生后几个月内发生的后期迁移可能在建立人类基础认知能力方面发挥重要作用。这一过程的紊乱可能与一些神经系统疾病密切相关。

神经递质的种类很多,例如乙酰胆碱、多巴胺、5-羟色胺、去甲肾上腺素等。请你选一种感兴趣的神经递质,查一查它的作用。

| 第一讲 | 了解我们的大脑

细胞凋亡如何塑造我们的神经系统？

细胞凋亡是生物体内细胞生命周期的一个自然和必要的部分。这种细胞死亡方式与意外伤害或疾病导致的细胞死亡不同，它是有序的、受控的，并且是由细胞内部的基因程序所驱动的。

在生物体的发育过程中，细胞凋亡起着至关重要的作用。它帮助塑造组织和器官的结构，去除多余或功能失调的细胞，并维持组织内细胞数量的平衡。例如，在脊椎动物的神经系统发育中，大量的神经元会经历细胞凋亡。这一过程有助于优化神经网络的效率，确保只有最强壮和最适应环境的神经元存活下来，形成有效的神经连接。

据估计，在某些脊椎动物的神经系统发育过程中，大约有50%的神经元会通过细胞凋亡被清除。这一比例显示了细胞凋亡在神经系统形成中的重要性。通过这种方式，神经系统能够自我调整，优化其结构，以支持更复杂的行为和认知功能。

细胞凋亡不仅在发育过程中发挥作用，它还在成年生物体中持续进行，以维持组织的健康和功能。例如，它参

| 探知无界 | 从心理学理解成长中的自己

与了伤口愈合、免疫系统的调节以及对抗癌症的自然防御机制。当细胞凋亡的过程出现问题时，可能会导致一系列疾病，包括某些类型的癌症、自身免疫疾病和神经退行性疾病。

二、促进大脑发展的因素

（一）丰富的环境

丰富的环境对大脑的发育很重要，可以使神经元之间的联系得以保持并维持"年轻态"，保护我们的各种功能不至于那么快衰退，还能促进髓鞘的生成。

还未出生的胎儿只会生成一些感知觉系统的髓鞘；当小孩要开始学说话了，他的语言相关脑区的神经元的髓鞘就生成了；而一些更复杂的功能，如负责推理、决策、控制等相关脑区的神经元的髓鞘，要到20多岁才能完全发育成熟。

髓鞘的发育过程会持续很长时间,这个过程也依赖于各种各样的环境因素刺激,使其具有可塑性。即使髓鞘发育过程全部完成后,在学习和记忆等大脑功能训练中,髓鞘还会发生动态变化,如变薄或变厚,这些变化可以改变神经冲动传递的速度和强度,调节大脑功能。这些可塑性使大脑具有持续发展的可能,因此,我们可以通过营造丰富的环境促进大脑的发展。

影响大脑发展的环境因素不仅包括物理环境,而且包括学习经验等。

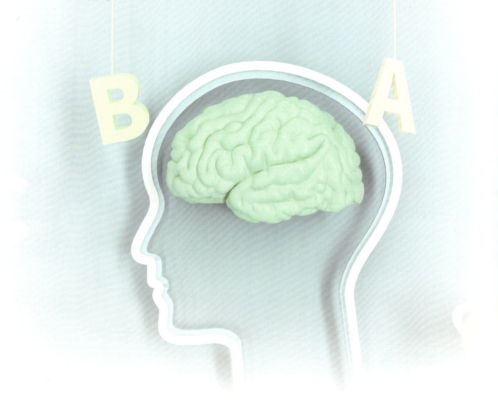

（二）多通道刺激

多通道刺激可以促进大脑的发展，当然前面所说的丰富的环境也能够带来更多多通道刺激的机会。多通道刺激是指通过多种不同途径让人接受外界的刺激，视觉、听觉、嗅觉、触觉

等都属于接受刺激的通道。其中，视觉、听觉、嗅觉被讨论得非常多，但是触觉作为一个非常重要的接受刺激的通道却常常被忽略。触觉虽然是一个基本的感知觉，但它和情感的连接息息相关。例如妈妈和小孩拥抱，这种触觉刺激会让小孩产生依恋感，进而影响小孩高级情感功能的发展，如共情、亲社会行为等。人与人之间亲密的接触都是属于触觉刺激。这些触觉刺激对人的情绪调节和认知功能的维持都是有帮助的。

有趣的实验

将若干大鼠分为A、B两组。A组大鼠生活在丰富多彩的环境中,这个环境里有跑轮等各种各样的玩具。B组大鼠生活在一个小笼子中,有食物和水,但是没有给其提供任何玩具。在其他实验条件相同的前提下,A、B两组大鼠神经元之间连接的发展水平相差较大,生活在丰富环境中的大鼠的突触总量会增多;反之,生活在贫乏的环境中的大鼠的突触总量较少。由此可见,丰富的环境对大脑的发育非常重要。

有趣的实验

将若干大鼠分为A、B两组。在其他实验条件相同的前提下,研究员为A组大鼠提供丰富的触觉刺激,而不为B组大鼠提供任何触觉刺激。A组大鼠的表现好于B组大鼠,而且A组大鼠的焦虑情绪也较少。通过实验发现,触觉刺激对记忆功能有促进作用,对情绪也有良性的调节作用。

延伸阅读

触觉刺激带来的大脑发育的可塑性

有一位孕妇在胎儿 20 周左右进行检查时，医生发现这个胎儿在神经管愈合环节出现了问题，导致神经管发育异常。医生确诊该胎儿存在脊柱裂（一种常见的先天性神经管畸形）。在各方充分探讨的基础上，医生采用最新技术手段进行了宫内神经管缝合手术。但因为这个孩子错过了许多脑部发育的时间，他出生时脑量不到成人脑量的 2%，远低于正常婴儿脑量所应达到的水平。这个孩子接受了大量的神经物理治疗和神经心理治疗，其中最重要的一个治疗就是进行触觉丰富化，即不断地通过各种方式给他丰富的触觉刺激。后来，这个孩子在 5 岁左右时，他的表现和同龄孩子已经没有很大的差别了。

（三）动作和运动

动作和运动对认知功能的发展特别重要。例如，我们的小拇指在生活中用得比较少，但学乐器如二胡、小提琴等都需要用到小拇指。

有研究比较过没有弦乐器训练经验的人和经常进行弦乐器训练的人的大脑皮层激活情况，研究发现经常进行弦乐器训练的人对大拇指和小拇指表现出更强的反应和更大的皮质表征区域。此外，如果15岁以后才开始进行弦乐器训练，那么他的大脑表现接近没有参加过训练的人，这表明这种训练在早期开始，收益更高。

在中国文化中，书写动作占据着举足轻重的地位，这与我国使用汉字密切相关。与拼音文字主要依赖听和说不同，汉字的学习强调书写，我们从小都有反复练习书写的经历。

一些心理学家发现，中国人的大脑阅读区和西方人的大脑阅读区是不一样的。中国人的阅读区，除了与文字加工、语言表达等有关，还与大脑运动区紧密相关。

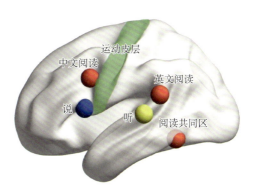

大脑皮层中中文阅读区与英文阅读区比较

在进行与运动中枢相关的手术中，中国患者面临的影响语言能力的风险更高。因此，在进行此类手术时，医生通常会采用清醒开颅术，并通过"术中唤醒"的方式避免这种情况发生。例如，进行大脑运动区肿瘤切除时，医生会通过让患者认字、念字来评估是否触碰到他的阅读或语言理解等相关区域。

已有研究表明，对中国人来说，长期依赖输入法而忽视书写训练会削弱阅读理解能力；与有丰富书写经验的人相比，长期依赖输入法的人阅读理解能力较弱。这进一步强调了书写这一动作经验对于拥有汉字文化传统的中国人的重要性。

大脑发展还和运动密切相关。只要一周总计进行约 150 分钟的有氧运动,即每天进行 20 ~ 40 分钟的有氧运动,就能使脑源性神经营养因子增加约三分之一。这可以使大脑保持在一个良好的状态。

脑源性神经营养因子是一种特殊的蛋白质,它在大脑中起到非常重要的作用。它作用于神经元,对轴突和树突的生长、突触可塑性、神经递质的释放、学习记忆及海马认知功能等发挥着重要的调节作用。你可以把它想象成一种"大脑的养料",因为它帮助大脑里的神经细胞生长、连接并且保持健康。除此之外,脑源性神经营养因子还与情绪和心理健康密切相关。一些患有精神疾病(如抑郁症、焦虑症)的患者,他们大脑内的脑源性神经营养因子水平可能有所降低。由此可见,我们可以通过坚持运动来提高脑源性神经营养因子水平,从而让认知能力发展和心理健康状况更好。

| 第一讲 | 了解我们的大脑

大脑发展与运动密切相关

| 探知无界 | 从心理学理解成长中的自己

我们在学校做广播体操也可以增加我们的脑源性神经营养因子哦!

| 第一讲 | 了解我们的大脑

（四）睡眠

睡眠是大脑发展和维持正常功能所必需的，无论是在大脑发育关键阶段的儿童时期，还是在成年人的日常生活中，都起着不可或缺的作用。睡眠分为快速眼动睡眠阶段和非快速眼动睡眠阶段。

快速眼动睡眠阶段是指以快速眼球运动为特点的睡眠期。在快速眼动睡眠阶段，虽然人闭着眼睛，但是眼球快速转动，如果这时把睡眠者轻轻拍醒，会发现通常他在做梦。在儿童时期，快速眼动睡眠阶段更多一些，随着年龄增大，整体睡眠时间减少，快速眼动睡眠阶段的比例也会减少。这可能是因为在快速眼动睡眠阶段会对大脑产生一些刺激，对于小孩而言，外界的刺激比较少，所以需要在睡觉时通过快速眼动睡眠阶段获

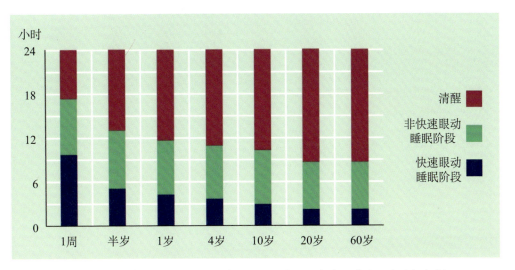

不同年龄阶段清醒与睡眠（非快速眼动睡眠阶段和快速眼动睡眠阶段）的时间

得更多刺激，促进大脑发展。而随着年龄的增长，人接受外界的刺激更多了，不再需要快速眼动睡眠阶段来获得刺激了。

非快速眼动睡眠阶段就是指深睡期。在正常的睡眠过程中，非快速眼动睡眠阶段通常会维持一定的比例。

睡眠还会影响人的情绪。例如，人在抑郁或焦虑时，如果能睡一个好觉，那么抑郁或焦虑状态就会有一定改善；反之，如果不睡觉，抑郁或焦虑水平可能会上升30%。

此外，有研究表明，好睡眠对记忆能力的发展也有促进作用。睡眠还有一个非常重要的作用，就是让脑脊液有机会把神经系统产生的代谢废物清理干净，使大脑维持良好的状态，否

| 探知无界 | 从心理学理解成长中的自己

则代谢废物累积过多会影响神经系统的功能。这种清理工作在睡眠时期特别是非快速眼动睡眠阶段进行，效率是最高的。

 知识链接

脑脊液是包围着脑和脊髓的无色透明液体，主要由脑室的脉络丛上皮细胞和室管膜细胞分泌形成。脑脊液还具有缓冲外界撞击的作用，可以保护脑和脊髓免受震荡。脑脊液对脑产生浮力，可以减少脑对颅底神经和血管的压迫等。

| 第一讲 | 了解我们的大脑

人在睡觉时，脑脊液是怎么进入大脑中进行清洁的呢？简单来说，在睡眠过程中，血液会大规模、周期性地流出大脑，此时脑脊液就会趁机冲进大脑，冲洗和清除这些代谢废物。这很像夜里人们都睡着了，清洁工人就可以更好地清扫街道了。在人清醒的状态下，脑脊液无法大量冲进大脑进行清洁工作。

如果人长时间无法保障充足的睡眠时间，那么代谢废物如β-淀粉样蛋白就会累积，而这种物质与阿尔茨海默病的发展具有相关性。所以，良好的睡眠是保障大脑功能正常运行和发展的重要条件。

知识链接

阿尔茨海默病，是一种常见于老年人的中枢神经系统退行性疾病。它像是一位不速之客，悄悄影响着患者的记忆、思维和日常生活能力。随着病情的发展，患者可能会逐渐忘记亲人的名字、日常习惯，甚至失去基本的自理能力。

虽然髓鞘发育过程在人 25～30 岁的时候全部完成，但这并不意味着人的大脑就停止发展了，其实人的大脑是一生可塑的。有研究者做过这样一项研究，没有接受过教育的成年人在学会阅读之后，他的大脑皮层和皮层下的对应连接就会增加。因此，我们应当珍视并充分利用大脑的可塑性，通过不断学习和探索来挖掘自身的潜力，实现个人成长和进步。

请你回顾自己的生活方式和生活习惯，有哪些方式或习惯有助于大脑发展？哪些不利于大脑发展？

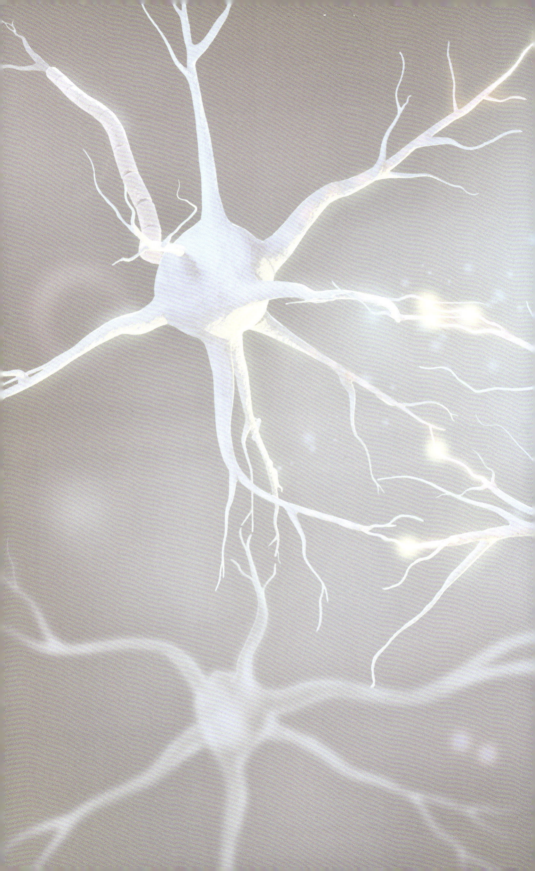

第二讲

什么是心理理解能力？

"心理理解能力"这一概念源于人对黑猩猩的研究。

在学习或生活中，我们不可避免地需要和他人进行交往，在青少年期和他人的交往就更重要了。例如，青少年期拥有良好的同伴关系对个人的成长非常有益。善于社交会让我们在人际交往中更受欢迎，本讲要介绍的心理理解能力就能让我们更好地提升自己的社交能力。

一、心理理解能力概念的起源

（一）心理理解能力是什么？

心理理解能力也被称为"读心能力"，即理解自我和他人心理状态的能力，包括理解他人内心的想法及他人为什么会有这种想法，并能够根据对他人心理状态的理解来解释和预测其行为。所以，心理理解能力是普遍地应用于人们日常生活中的一种能力。

"你知道我在想什么吗？"这个问题是学心理学的人经常被问到的问题。对于学习过心理学的人，他掌握了人的行为规律和特点，要了解他人在想什么其实并不难。即使我们没有学习过心理学，有时也能根据自己的人际交往经验，推断出别人在想什么。如果我遇到一件事情时会这么想，那么我推测你可能也会和我想的差不多。所以，"知道别人在想什么"这并不是一件很难的事。

例如，一个小孩特别想吃零食，他都知道怎么说才能达成他的目的。如果在家里做什么事情需要得到妈妈的允许，那么他可能就会跟爸爸说："爸爸，我可以吃那个吗？妈妈说可以的。"他的这种表达方式就运用了心理理解能力。

心理理解能力很神奇，因为小孩慢慢地也知道别人是怎么

| 第二讲 | 什么是心理理解能力？

想的，并且随着人的年龄增大，这种能力会越来越成熟和复杂。

（二）心理理解能力概念的源起

"心理理解能力"这一概念源于人对黑猩猩的研究。人类特别愿意和其他动物建立双向交流，因为人和人之间可以用语言交流，那我们怎么知道动物是什么情况呢？我们最好能够懂点"鸟语兽言"，跟人类最近的就是黑猩猩，一些科学家就想研究人能不能跟它们建立这种双向的交流。

| 探知无界 | 从心理学理解成长中的自己

　　对黑猩猩的研究在心理学界从 20 世纪初就开始了，当时有两大阵营做了相关的研究，都是来自比较富裕的地区：一个是北美，一个是苏俄。因为当时做这种工作主要是为了满足人类的好奇心，很难有直接的经济转化的能力。当然现在像日本做了一些狗语翻译器，可能也有一些经济的转化，但当时的研究初衷更多的还是希望建立人与动物的双向交流。

 延伸阅读

> 　　日本第三大玩具制造商 Takara 推出了一款狗语翻译器。狗语翻译器可以帮助狗主人更好地理解宠物的情感世界。该翻译器基于对全球狗叫声的深入研究，通过安装在狗项圈上的麦克风捕捉狗的叫声，将其转化为"高兴""悲伤""愤怒""不满""害怕"和"得意"等情绪。

　　20 世纪初，有研究者最开始对第一代黑猩猩进行训练，主要是想让它们学人的口语，苏俄的研究者教它们俄语，北美的研究者就教它们英文，有的研究者甚至将黑猩猩和自己的孩子放在一起培养。后来研究者们发现，训练黑猩猩学人的语言太难了。有一只训练得最好的黑猩猩，教了它好几年，也只能说 4 个词：pa、ma、up、cup。因为这几个词发音比较简单，但是对于其他的词,它们就很难发出来。研究者最终也无法通过对黑猩猩进行口语训练,达到双向沟通的目的。

 **延伸阅读**

> 研究者对黑猩猩进行的口语训练为什么没有成功?
>
> 一方面,黑猩猩的发声器官和人不一样,好多音它是发不出来的。另一方面,在基因进化的过程中,许多与听力有关的基因是人类所独有的。

到了20世纪60年代,第二代黑猩猩训练的方法是教它们手势语,黑猩猩能够学数百个手势语,能够跟人类交往、交流。

第三代黑猩猩训练采用的是塑料词汇卡片的方法,研究者开始用不同颜色、不同形状的塑料词汇卡片教黑猩猩人造词汇(如黄色圆形卡片代表香蕉,红色方形卡片代表苹果)。黑猩猩学会了这些词之后,就可以把这些词汇卡片按照一定的顺序在磁性的黑板上排列出来,组成句子。经过一段时间的训练,黑猩猩也学了很多的词汇,研究者就开始和它做实验:研究者通过词汇卡片来告诉黑猩猩,它现在需要干什么,黑猩猩也用词汇卡片来回答。

通过这种方法,研究者与黑猩猩中的明星被试莎拉做了一个有名的实验:让莎拉看很多个录像短片,例如,有一个录像短片中展示的是一个人看着一串香蕉。看完了这个录像短片之后,研究者就给黑猩猩呈现两个图片,并询问黑猩猩:哪种方法能够帮助这个人摘到香蕉?

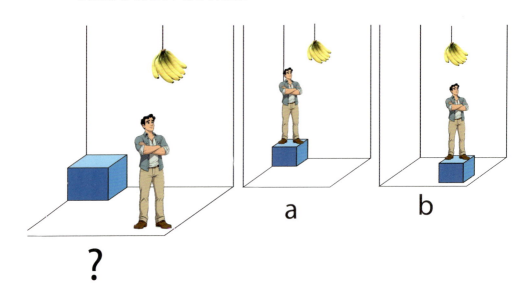

哪个图片是正确的答案

通常,大家都会选图 b,因为这个人站在一个箱子上,一伸手就能够把这个香蕉摘下来。而在图 a 中,虽然这个人也站在箱子上,但是他离香蕉很远。研究者一共播放了 24 个类似的录像短片,并让莎拉进行选择,莎拉最终选对了 21 个。从统计学角度来看,这个正确率不是莎拉随便猜对的。训练莎拉的研究者后来发表了一篇文章——《黑猩猩有心理理论吗》。"黑猩猩有心理理论"的意思是，黑猩猩在这些场景中，它可以理解主人想要做什么。主人想拿到挂起来的香蕉，就一定得站在香蕉底下的箱子上；如果主人想浇地，就得把管子插入水龙头里。所以在这些情境中，它表现出和人一致的理解。而这种理解他人内心期望的能力就被称为心理理论（也被称为心理理解能力）。

（三）心理理解能力在儿童期的发展

在人的成长过程中，心理理解能力逐渐发展。年幼的小孩在玩捉迷藏时会认为：自己看不见的话，别人也无法看见。而随着年龄增长，他们逐渐明白自己和他人的视角可能存在差异。

心理理解能力可以分为两个方面：一是情感性的心理理解，就是觉察和理解他人情绪的能力，与共情的能力有相似的部分；二是认知性的心理理解，就是推理和表征他人信念和意图的能力，即理解错误信念的能力。

在人的发展过程中，心理理解能力会从简单到复杂，这种能力毕生都在发展。例如，小孩看到妈妈在看一个地方，也会跟着去看同一个地方，我们将其称为联合注意。此外，还有像目光追随、愿望理解等，这些都是发生在 4 岁之前。随着人的发展，人除了理解一级错误信念（我知道你怎么认为），还可以进一步理解二级错误信念（我知道你知道我知道），到成人阶段就会变得更复杂（我相信你推测我想象你想让我相信……）。每一种心理状态都会随着人的成长逐渐复杂化。小孩在 6 岁左右可以理解二级错误信念，7 岁多可以理解隐喻、反语，8 岁左右可以表现出失言理解能力。

| 第二讲 | 什么是心理理解能力?

有趣的实验

20世纪80年代,研究者开始用一些经典的任务来了解小孩的心理理解能力的发展情况,最常用的为"萨莉-安任务"。萨莉和安是两位主人翁,我们来看一看"萨莉-安任务"是怎么做的。

实验人员拿出两个人偶,并向参与实验的小孩介绍它们,一个叫萨莉,另一个叫安。然后实验人员问:"如果萨莉将一个球放进了篮子里,然后离开,接着安把篮子里的球转移到了旁边的盒子里。萨莉回来的时候,她应该在哪里找她的球呢?"

实验中,3岁多的小孩认为萨莉应该在盒子中找球,他们认为萨莉和自己一样已经知道球被转移了。而4岁多的小孩就知道萨莉只会在篮子里找球。

也就是说,不同年龄段的小孩的心理理解能力是不一样的。在4岁之前,小孩就会把他看到的当成别人知道的。4岁以后,很多小孩知道别人拥有对这个世界的错误信念。"萨莉-安任务"是经典的错误信念任务,它主要探究孩子能不能理解自己的心理状态与别人的心理状态是不同的。

| 探知无界 | 从心理学理解成长中的自己

| 第二讲 | 什么是心理理解能力？

请你看看下面这个案例中有人说错话吗？

我们到朋友家里给朋友过生日，这位朋友家里有一个很漂亮的花瓶，然后你不小心把花瓶打碎了，你就说："真对不起，我把花瓶打碎了。"这位朋友就说："没关系，没关系，我早就不想要了。"但是这个花瓶是你送给他的。

这个案例中有没有人说错话，或者说了不该说的话呢？

二、心理理解能力的线索

在生活中,我们常常希望自己能够知道他人的意图、态度或情绪,以使自己与他人建立良好的社会关系。其实我们确实可以通过各种各样的线索来解读他人的心理状态,如面部表情线索、身体姿势线索、语言线索、视觉线索、情境线索等。

(一)面部表情线索

不论是什么种族,人生下来都有6~7种基本表情,并且每种表情都有一些特点。例如,我们在悲伤的时候,一般是眯眼,眉毛收紧,嘴角下拉,下巴抬起或者收紧;愤怒的时候,眉毛下垂,前额紧皱,眼睑和嘴唇紧张;恐惧的时候,嘴巴和眼睛张开,眉毛上扬,鼻孔张大;惊讶的时候,下颚下垂,嘴唇和嘴巴放松,眼睛张大,眼睑和眉毛微抬;厌恶的时候,嗤鼻,上嘴唇上抬,眉毛下垂,眯眼,等等。

解读表情可以帮助我们理解他人的情绪状态,对我们的社会交往非常重要。美国心理学家保罗·艾克曼教授对人类的表情做了编码。现在我们经常说的微表情解读,其实就是根据这样的表情编码来判断人们的表情背后内心的情绪状态。

| 第二讲 | 什么是心理理解能力？

悲伤

愤怒

恐惧

惊讶

厌恶

在生活中，有一种表演性的微笑（如照相时的笑），这种笑不是发自内心真正的快乐。真正快乐的表情是有一些特点的：一定要有轮匝肌的变化，也就是眼周的变化，通俗来讲就是有鱼尾纹。所以，在生活中，我们可以告诉别人："长鱼尾纹的人不要难受，这是因为你总是露出真正快乐的微笑。"这些也是法国神经病学家杜兴·德·布伦提出的真正的微笑要有的成分，因此，真正快乐的微笑也被称为"杜兴的微笑"。

| 探知无界 | 从心理学理解成长中的自己

表演性的微笑

真正快乐的微笑

（二）身体姿势线索

身体姿势也是我们了解他人意图、态度和情绪的重要线索。例如，一个人在和你说话时总是不停地看表，这代表他可能有急事，你应该尽快结束对话。我们如果不能理解别人提供的这些线索的含义，那么就是不会"读心"，也无法理解别人的心理状态。

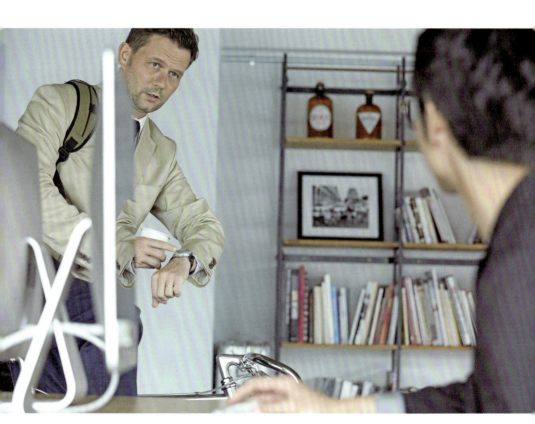

(三)语言线索

语言(如暗示、隐喻、反语等)也是重要的反映心理状态的线索,前面提到的失言也是语言表达的问题。对语言间接表达的含义进行理解,就要运用心理理解能力。

小王想让妈妈干什么?

小王得赶去开会,他已经有点儿晚了,边擦皮鞋边对妈妈说:"我今天想穿那件蓝衬衫,但尽是褶儿。"

小王继续说:"蓝衬衫在要熨衣服的篮子里。"

(四)视觉线索

一个人如果能给他人提供非常清晰的视觉线索,那么在一定程度上证明他具有良好的心理理解能力。例如,有的人给别人指路特别清晰,这说明这个人的心理理解能力很不错。我们一起来看看下面这个实验。

| 第二讲 | 什么是心理理解能力？

有趣的实验

有一个书架，指示者站在一边，行动者站在另一边。
指示者说："你把上面的苹果取下来。"

行动者视角　　　　　　　　指示者视角

行动者看到有好几个苹果，不知道到底要拿哪个。

在这个实验中的行动者需要思考："他看到的和我看到的一样吗？"而指示者需要思考："我的指令是不是能让对方准确无误地理解？"而双方都站在对方的角度去考虑问题，这就要运用心理理解能力。

（五）情境线索

在一个具体的情境中，不同的人可能会对同一个模糊刺激产生不同的理解。一个人的想法、言行通常与他之前的经历有关，要了解他人的想法，就需要了解这个人之前的经历。

在下图中，蛇和蜗牛的图片中间有一个图，但只画了一小段。

问题：给小红看一条蛇的图片，给小明看一只蜗牛的图片，然后分别给两人都看中间那个图片。那么，你觉得小红和小明看到中间图片的时候，会认为它是什么？

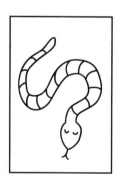 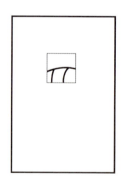 

三、心理理解能力的培养

心理理解能力的发展与很多因素有关,例如,我们和父母、同伴、老师等的交往经验,都会影响我们心理理解能力的发展。

(一)不同文化背景下,心理理解能力的培养

在不同文化背景下,心理理解能力的培养方式是不同的,在这个过程中,会有一些文化差异。例如,中国和其他一些东亚国家的人都不太习惯用特别直白的表达方式。小时候,我们跟别的同学打架了,家长会说什么?我们的家长通常会说:"你再这样别人都不跟你玩了。"而西方的家长会直接告诉小孩,他这样的行为会让他的小伙伴不高兴,并且因为他伤害了其他人,这个行为也让自己很生气。因此,在这个过程中,小孩会从别人直接反馈的对心理状态的描述,学会对心理状态的理解。中国的小孩会去想:为什么他不跟我玩了?然后自己悟出来:是因为他不高兴了。西方的小孩只要复制大人的话,但是中国的小孩无法复制大人的话,因为大人没有告诉小孩自己的心理状态是什么样的。

很多研究都已经证明了:如果父母跟小孩谈论心理状态比较多的话,如我的情绪是什么、我的感觉是什么,小孩的心理

| **探知无界** | 从心理学理解成长中的自己

理解能力会发展得更好。但是中国的家长谈心理状态比较少，我们在研究过程中让家长根据无字书中的图画给小孩讲故事，然后分析他们讲的过程，了解家长在跟小孩交流时主要讲了什么。通过分析发现，家长跟小孩很少表述心理状态，而更多的是说行为（怎么做）。也就是说，正因如此，中国的小孩对知识状态的理解很快。后来，我们做了一系列的研究来探究父母的表达是否与小孩的心理理解能力的发展有关。无论是用五个条目的量表，还是用经典的错误信念任务测试，都发现：主要的照顾人（如妈妈、祖母等）在与小孩交流的过程中多谈论行为，与小孩的心理理解能力发展正相关。

所以，不同的文化下成长的人都能发展心理理解能力，所谓"条条大路通罗马"。在不同的文化背景下，我们都发展了这个能力，但是我们用了不同的途径和方法。

| 第二讲 | 什么是心理理解能力?

有趣的实验

研究人员将没有通过错误信念任务的小孩分成不同的组。对第一组的小孩,研究人员与他们交流时只谈论行为(怎么做);对第二组的小孩,研究人员与他们交流时多谈论心理状态(他怎么想的,他高不高兴);对第三组的小孩,研究人员与他们交流时既谈论行为,又谈论心理状态;对第四组的小孩,研究人员与他们交流时主要谈论一些客观的事物(如天是蓝的),既不谈论行为,也不谈论心理状态,这组是对照组。

训练两周后,研究人员就对对照组的小孩进行测试。因为小孩的能力发展得非常快,在这两周的时间里他们的能力会有一些自然的增长,但是与之前相比没有显著差异。而其他三组:谈论行为对第一组小孩的心理理解能力发展有促进作用;谈论心理状态对第二组小孩的心理理解能力发展也有促进作用;而对第三组小孩既谈论行为又谈论心理状态,并没有叠加效应。

（二）在不同年龄阶段培养心理理解能力的方法

对于处于儿童期的小孩，他们通过和别人谈话、共享阅读，就能够发展心理理解能力。那么，对于不处于儿童期的人，他的这种能力还能不能得到发展呢？有研究者在《科学》(*Science*)发表了一篇文章，他做了一系列的实验，如读文学小说、非小说、通俗小说和不读小说，然后做了一系列测试后发现：阅读文学小说可以促进成人心理理解能力的发展。他解释，因为小说就像现实生活一样，充满了很多复杂难懂的角色等待我们解读，而这样的过程就与我们理解他人的心理状态相似。所以，心理理解能力是可以一直发展的。

| 第二讲 | 什么是心理理解能力？

（三）心理理解能力缺失的群体：孤独症人群

患有孤独症的小孩是心理理解能力模块缺失的，就是他们缺少理解他人心理状态的能力。患有孤独症的小孩在与他人交流时往往不与他人对视，没有表现出"严重读心"的能力。

知识链接

孤独症是一种影响儿童神经发育的障碍性疾病，是儿童期最严重的问题之一。孤独症通常起病于婴幼儿时期，男性患儿是女性患儿的 4 倍以上。孤独症患儿人数正在逐年增加。

有孤独症的儿童，就像心里建起了一座城堡，他们喜欢待在里面，不太愿意和外界的人交流、玩耍。这些孩子不太会看别人的眼睛，也不太懂别人的感受，说话也比别的小朋友慢。他们可能对某些特别的东西特别着迷，比如一直玩同一个玩具或做同样的动作。

（四）心理理解能力的退化

如果我们已经具备了心理理解能力，但是很少使用，那么这个能力就会退化。有一个例子，小布什在2008年北京奥运会上醒目地反举着美国国旗，当时他举着国旗是为了给别人看，但是他没有考虑从别人的视角看这个美国国旗应该是什么样子的。这种退化被称为权力导致脑损伤，也就是说长期处于支配地位的群体会失去这种能力——设身处地为他人着想的能力。

这种现象不仅存在于处于支配地位的群体，还存在于生活中的一些优势个体。例如家长和孩子，家长可能就是优势个体，很多家长就不会从小孩的角度考虑问题；又如教师，相对于学生来说，教师也属于优势个体，教师大多会从教师的角度而非学生的角度来考虑问题。那么，怎样保持自己的心理理解能力不退化呢？我们要不忘初心，总想着我当初跟别人一样的时候我是怎样做的。

做一做

大家测试一下，在自己的额头写一个字母"E"。请思考，从别人的视角看你写的"E"是正的还是反的？

四、心理理解能力的应用

在生活中,拥有心理理解能力对我们有很多积极的作用:可以更好地与他人沟通;可以解决冲突,因为能够比较好地理解他人。

 延 伸 阅 读

有个同学在草稿纸上写了下面左侧的式子。老师看了很奇怪,就问他是怎么想的。这位同学就加上了汉语中的很多量词和单位,发现这些等式都成立了(见下面右侧)。所以,在生活中,我们如果有无法理解的事或人,那么换一个角度去想,有可能就能明白了。

- 1+1=2
- 2+1=3
- 3+4=7
- 5+7=1
- 6+18=1

- 1 里 1 里 =1 公里
- 2 个月 +1 个月 =1 季度
- 3 天 +4 天 =1 周
- 5 个月 +7 个月 =1 年
- 6 小时 +18 小时 =1 天

一是要学会换位思考。我们可能在网上看到过双关图，就是同一张图但不同的人从不同的角度看到的图形不一样。在生活中，不同的人看到同一个标志或同一幅画，也常常会产生不同的理解。物理刺激完全一样时，我们都可能把它看成不同的事物或产生不同的理解。而在社会交往中，面对复杂的问题和拥有各种不同经历的人，大家有不同的想法，是非常正常的。

换位思考是人际交往的前提。在这个世界上，因为每个人站在不同的角度，可能看到的内容、持有的观点是不一样的。有了这个前提，我们能更好地理解他人，并和他人进行沟通。当我们与他人看法不同时，先不要急于争论，至少应该试着先从他人所处的位置看看是什么样的。

延伸阅读

猪八戒正在写 change 几个字母，唐僧看到后说："你看，八戒要改变（英语单词 change）的决心不小呀。"但是，悟空说："师傅您想多了，他只不过就写了个嫦娥（汉语拼音 chang'e）。"所以对于同一种表达，不同的人会把它理解成不同的意思。

二是尽量用一些大家都比较容易接受的方式或语言来沟通。中国有句老话叫作"良药苦口利于病,忠言逆耳利于行",但是我们也知道,"恶语伤人六月寒"。尽管有的时候,我们觉得自己是善意的,但因为语言比较"刻薄",也会让人很不舒服。有一种药叫"十滴水",这种药的味道特别刺激。以前这种药是直接让人喝下去的,现在做成了胶囊,这样更容易让人接受。所以,现在良药也都包上糖衣了,我们也应该好话好说。例如,我们给他人提建议,最好不要使用"你应该"这样的表述,因为这听起来像是要求和命令。我们不妨说:"如果是我,我可能会这样……"

十滴水为祛暑剂,用于伤暑引起的头晕、恶心、腹痛、胃肠不适,其气芳香,味辛辣。

在人际沟通中运用心理理解能力,其实就是站在他人的角度思考怎样表达让对方更容易接受。

| 探知无界 | 从心理学理解成长中的自己

想一想

下面两组情境中,哪种表达方式运用了心理理解能力?这种表达方式的优势是什么?

A."你听懂了吗?"
B."我说明白了吗?"
A."你没理解我的意思……"
B."我可能没表达清楚,让你误会了……"

在人际沟通中,我们不仅要理解别人的心理状态,也应理解自己的心理状态,对自己也需要更多的宽容。如何做呢?即换一个视角来看待问题。

第二讲 | 什么是心理理解能力？

 **延伸阅读**

> 在实验室，大白鼠米奇每天被训练按杠杆。大家都觉得米奇是个实验品。
>
> 但大白鼠米奇并不这么想，它觉得：嗨，我把这个人训练成——我一按杠杆，他就给我一粒食物，我真厉害！

在生活中，如果遇到自己能解决的问题就积极解决，因为解决了这个问题我们的压力就会消除，应激状态就能得到缓解。但是，如果遇到的问题是自己无法解决的，我们也不要自我责怪。那应该怎么办？我们应该调整自己的情绪，换个视角看问题。

想一想

请你运用心理理解能力，复盘你亲身经历的某次亲子冲突或同伴冲突，并找到解决冲突的关键点。

第三讲

了解青少年期的自己

青春自带日月，在发展的过程中，有蓬勃的生命力

青少年时期是人生的关键阶段,伴随着生理和心理的显著变化。这个时期是漫长的,从 10 岁开始,可能延续至 25 岁。在青少年时期,我们会经历快速的生理变化,如第二性征的出现,以及心理变化,如对自我形象的重视,这些都是非常正常的现象。在这个阶段,我们还需要学会处理社会关系、性相关问题以及自力更生。

| **探知无界** | 从心理学理解成长中的自己

发展心理学是指研究从生命的孕育到生命的结束，人一生的发展过程中每个发展阶段的发展任务、发展规律、发展特点的科学。学会从发展的视角看问题，对于我们尤为重要，因为它为我们提供了一个独特的参考框架。例如，斑马的条纹模式是白背景上的黑条纹，还是黑背景上的白条纹？如果我们用发展的视角就知道是哪一种了——在斑马的整个孕育和成长的过程中，其皮肤有的地方的黑色素表达被抑制了，无法形成明显的黑色素。所以，斑马皮肤上的条纹模式是黑背景上的白条纹，而所谓的白条纹其实就是黑色素的缺失。

| 第三讲 | 了解青少年期的自己

按照人一生的发展特点和发展规律，可以将人的一生分为产前（胎儿）期、婴儿期、童年早期、童年中期、青少年期、成年早期、成年中期、成年晚期入个发展阶段。

一、艰难的生命旅程

生命的诞生与成长是一段充满挑战的旅程。从一颗小小的受精卵，逐步成长为高大的个体，这一个过程并不容易。从受精卵的形成到胎儿出生之前就可以分成三个阶段：胚芽阶段、胚胎阶段和胎儿阶段。

在胚芽阶段，受精卵的着床率仅有40%，意味着并非所有的生命起点都能顺利开启。而对于那些通过人工受孕的生命，其成功的概率更低，可能将近70%的受精卵都无法顺利着床。由此可见，第一个阶段就已经筛选掉了一部分生命。

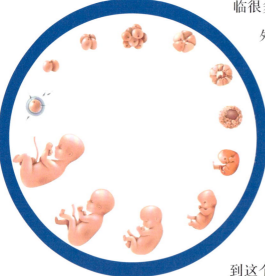

进入胚胎阶段和胎儿阶段，生命依然面临很多挑战，从母体的营养供给到外界环境的影响，每一步都充满了未知与风险。很多孕育的生命可能就终止于这两个阶段。

最终，只有不到三分之一的受精卵能够孕育成生命并顺利来到这个世界。

这足以证明，一个人能来到这个世界并不是一件高概率的事情。我们能够成长至今，就已经是生命的佼佼者，经历了无数次的筛选与挑战才成为了现在的自己。可见，生命多么宝贵！

与当前的我们密切相关的青少年期是心理的一个关键发展阶段。在生命的整个发展的过程中，青少年期无疑是独特的、充满活力的和充满无限可能的发展阶段。在青少年期，我们有很多能力会得到快速增长，与此同时也面临着诸多的不成熟的地方，这就会给个体带来很多冲突和矛盾。"青春自带日月，在发展的过程中，有蓬勃的生命力"便是对青少年期的写照。

二、了解青春期

（一）什么是青春期？

青少年期往往会与另外一个词"青春期"相联系，在大众的理解里，好像"青春期"和"青少年期"是一个概念，但其实它们并不相同。青春期不是心理的一个发展阶段，而是一个生理学概念。在青春期，生物体的**第二性征**开始出现，并且开始具有生育能力。

知识链接

第一性征是指在生命孕育 2 个月的时候，男女两性在生殖器官结构上的差异。

第二性征是指在青春期，人受性激素影响出现的一系列与性别有关的特征。男性表现为喉结突出、声音低沉雄壮、长胡须等，女性表现为乳腺发达、乳房增大、月经初潮等。此外，在动物界也有第二性征的表现，例如雄鸡的鸡冠宽大鲜红、羽毛粗长鲜艳、啼鸣高亢，雌鸡则无此特点。

（二）青春期何时开始？

女孩子的青春期开始有一个外显的标志，叫作"初潮"，就是来月经。男孩子的青春期要晚一些。有一个调查发现，我国的女孩子平均不到 10 岁就开始了青春期，而男孩子平均在 11 岁多。

青春期的开始往往被视为自然且普遍的现象，然而，从科学的角度来看，它却是一个难题。《科学》（*Science*）杂志在创刊 125 周年时，他们特邀世界各地的科学家们提出了 125 个科学难题，其中第 73 个就是：什么启动了青春期？因为这是一个科学难题，所以并没有一个确切的最终答案，但已有大量的研究揭示了其背后可能涉及多重因素：青春期是一个特别复杂的、综合的过程，很多的因素如生理的、环境的、心理的等都可能启动青春期。

青春期的启动与一种特定蛋白质的合成紧密相关。下丘脑中的弓状核会分泌一种由 *KISS-1* **基因**编码的化学物质，*KISS-1* 基因的激活导致了 kisspeptin 这一蛋白质的合成。kisspeptin 犹如多米诺骨牌中的首张骨牌，一旦启动，便触发了一系列连锁反应，从而开启了青春期的发育过程。

| **探知无界** | 从心理学理解成长中的自己

知识链接

　　KISS-1 基因在青春期发育中起着关键作用。它位于下丘脑中，当人达到青春期时，*KISS-1* 基因会被激活并合成 kisspeptin 蛋白质。*KISS-1* 基因的名称背后隐藏着一段与好时巧克力的故事：

　　KISS-1 基因是被宾夕法尼亚大学医学院的研究者发现的，这家医学院位于美国宾夕法尼亚州的好时镇上，因此，研究者们以当地知名的好时巧克力旗下非常著名的系列"好时之吻（kissess）"命名了这一基因。

　　在青春期，我们经历的不仅是生理上的第二性征变化，还包括一系列心理的转变。例如，我们开始更加关注自己的外貌和形象。按照正常的发育时间表，女孩子通常比男孩子早两年进入青春期。在同一性别中，个体进入青春期的时间也存在差异，这种差异对不同性别的群体来说可能会带来不同的影响。

　　对于女孩子而言，她们如果在同龄的女孩子中发育得较早，可能会面临更多的问题。当周围的人都还未开始发育时，她们的身体变化可能会引起他人异样的眼光。如果她们自己还没有做好心理准备，可能会感到尴尬，甚至试图通过含胸等方式来掩盖这些变化。因此，早进入青春期的女孩子往往会面临更大的心理挑战。

相比之下，早进入青春期的男孩子通常会更有自信，因为他们在同龄的男性群体中发育得较早，体育能力也相对较强。然而，这种早熟也可能带来一些问题，例如，他们可能会因为力量过大而欺负他人。对于晚进入青春期的男孩子来说，他们可能也会面临很多困扰。当周围的人都已经展现出成人的特征时，他们仍然像小孩一样，这使得他们在同龄人中难以获得话语权。

因此，进入青春期的时间差异对每个人的影响都是不同的。了解这些差异及其背后的原因，可以帮助我们更好地做好心理准备，应对青春期带来的各种挑战。

三、了解青少年期

（一）青少年期的划分

青少年期是一个心理发展的阶段。原先，人们普遍认为 12～18 岁是青少年期，但随着青春期的普遍提前，我们通常将青春期的开始视为青少年期的起点，这意味着青少年期可能从 10 岁就开始了。那么，青少年期何时结束呢？研究表明，前额叶髓鞘发育过程全部完成大约在 25～26 岁，这为我们提供了青少年期可能结束的标记。因此，我们可以将青少年期结束的时间点延至 25 岁左右，即从 10～25 岁，这长达 15 年的时间被视为完整的青少年期。因此，青少年期是一个相对较长的发展阶段。

但值得注意的是，当我们成年后，如果还继续使用"青少年"这一称谓可能会显得不太贴切。因为在传统的划分方式中，20～40 岁被归类为成年早期，因此有时我们也会将 18～25 岁这一年龄阶段称为青少年晚期或成年初显期，以强调他们正逐步迈向成熟。

调查个体心理感觉的心理学研究也支持这一观点，当访问不同年龄段的人是否认为自己已经是一个成熟的大人时，通常超过 26 岁的多数被调查者才会认同自己是真正的大人。这进一步强调了青少年期作为一个复杂且漫长的心理发展阶段的特性。

（二）青少年期的发展变化

青少年期之所以需要这么长的一段时间，是因为该时期是脑成熟和优化的关键时期。从十几岁到二十几岁，脑的髓鞘发育过程全部完成，使得人的反应速度更为迅速。例如，电竞运动员一般是在这个年龄段达到最佳竞技状态的。

青少年期还有一个有趣的变化。人的大脑的情感与理智管理区域的成熟时间不同，管理情绪的边缘系统先于管理理智的前额叶区域发展。如果用车辆作比喻，也就是油门（即管理情绪的边缘系统）在15岁左右时已基本完善，一触即发，充满活力；然而，与之相对应的刹车系统（即前额叶理智控制部分）却尚不成熟，需要等到25岁左右才能完全发挥其作用，做到理智地控制行为。因此，青少年容易表现出冲动和冒险的特点，有时做事可能不计后果。青少年期的我们情感反应迅速而强烈，主要是因为理智控制的能力尚未完全形成。

在青少年期，最突出的矛盾是认知能力发展成熟与自我控制能力不足之间的矛盾。根据发展心理学的观点，在12～18岁这个年龄段，人的认知能力已经快速发展了，并具备强大的逻辑推理能力，能够敏锐地察觉他人逻辑上的错误。然而，与此同时，这个阶段我们的"刹车"还未装好（前额叶发展尚不成熟），这导致了这个年龄段的我们会出现自我控制方面的

| 探知无界　　从心理学理解成长中的自己

不足。

因此,在这个阶段我们往往能够清晰地指出他人的问题,却难以反思和审视自己的不足,形成了"严以待人,宽以律己"的矛盾心态。

同时,这一时期的我们渴望独立,渴望拥有对自己生活的决策权,但由于不够理智且缺少经验,往往难以胜任一些复杂的任务。因此,我们常常可能会受到家长和老师的限制和束缚,从而引发一系列的亲子冲突和师长冲突。但这些冲突并非个例,而是每个青少年在成长过程中普遍面临的现象。

处在青少年期的我们可能因为对自由的渴望和对权威的反抗而与家人产生争执,但随着我们的成长,我们会逐渐学会如何更好地处理这些关系。

当我们意识到自己在青少年时期所面临的种种挑战和矛盾时,我们首先要做的不是让身边的人理解我们,而是学会理解自己。在一本名为《比青春期更关键》(*Wildhood*)的书中,作者用四个动物的例子生动地描绘了青少年期的发展过程。"Wildhood"这个词非常有趣,它是一个生造词。其中,"Hood"作为后缀,通常用来表示某个特定的阶段或时期,而"Wild"则代表没有驯化、狂野。当这两者结合在一起,就构成了描述青少年期的"狂野的青春"。作为青少年,我们正处于这个"狂野的青春"阶段,我们需要学会接纳自己的不完美,理解自己的矛盾和挑战,同时也需要学会如何与他人和谐相处,共同成长。

(三)青少年期的任务

我们为何需要经历这样一个漫长而充满挑战的青少年期呢?因为在这一阶段,我们需要完成四个任务。

1. 任务一:确保自己的安全

在青少年期,我们时常因为充满好奇心和冒险精神而去探索一些未知领域,在这探索的过程中,我们往往容易忽视潜在

的危险。因此,我们要学会辨识和规避那些可能威胁到生命安全的风险,如避免溺水等意外。

2. 任务二:学会处理复杂的社会关系

在这个阶段,我们渴望与同伴建立深厚的友谊,但同时也面临着如何与他人相处、如何处理人际冲突等挑战。我们需要学习如何与他人建立信任、理解他人的感受,并学会表达自己的观点和立场。

3. 任务三：面对与性相关的问题

随着生理的逐渐成熟，我们开始对异性产生好奇和兴趣。但如何正确地处理异性关系、如何表达自己的情感、如何面对他人的表白和拒绝，都是我们需要学习和探索的课题。

4. 任务四：培养自力更生的能力

这意味着我们需要学会独立生活，包括找到工作、赚钱养活自己、找到合适的住所和食物来源等。这需要我们具备责任感、独立性和解决问题的能力。

完成这四项任务并不容易,它们需要我们花费大量的时间和精力去学习和实践。因此,青少年期的时间跨度相对较长,这是为了确保让我们有足够的时间去积累经验、解决问题和成长。在这个过程中,我们可能会面临各种挑战和困难,如身体发育与外表的焦虑、与同伴之间的冲突等。但正是这些挑战,塑造了我们的性格、增强了我们的能力,并让我们更加成熟和自信。

青少年期虽会遇到很多问题,但它是人类及动物演化的必经之路。青少年期可以说是"闯"的阶段,往往很多变革都是处于这个阶段的人或动物推动的,它让人类及不同的物种有不断演化的动力。

延伸阅读

日本猴在青少年期展现出许多新行为。当它们两岁半时,即步入充满探索精神的青少年期。当它们得到白薯时,它们会将白薯放入海水中清洗,因为甜的食物拿海水洗一洗,带点盐会更甜,使其更加美味。一个名叫伊茉的青少年猴是这一行为的开创者。伊茉还发明了一个更加有趣的行为——"淘金"行为。沙滩上的麦粒难以捡拾,伊茉就将麦粒与沙子一同撒入海水,沙子会沉下去,而麦粒会浮于水面。在猴群中首先学习伊茉这些行为的是它的同龄伙伴，随后是它们的母亲，最后才是老猴王。因为老猴王是最保守的。

尽管生命体在青少年期充满了矛盾和冲突，也伴随着许多不成熟的表现，但正是这些所谓的"不成熟"，孕育了创新性和革命性。青少年期是生命旅程中不可或缺的一部分，它允许个体在探索自我、挑战权威和尝试新事物的过程中，不断地学习和成长。这对物种演化来说是非常重要的。

（四）应对青少年期压力的方法

在人的一生中，青少年期是充满生机和活力的阶段。但是，这一阶段同样伴随着诸多矛盾和冲突，也会面临很多的压力，如同伴关系、升学等。那么，我们该如何更好地应对这些压力呢？

1. 从积极的视角看待压力

我们面对压力的反应和感受往往与我们如何看待它有关。正如之前所提到的，我们要对自己宽容并意识到自己的主观能动性。同样地，面对压力也如此。如果我们视其为可能压垮自己的负面因素，那么它确实会带来不良影响。然而，若我们将压力视为一种挑战，如同危机中的机遇，那么此时压力所带来的负面影响便会大大减少。

2. 解决问题或调节情绪

我们可以从解决问题和调节情绪两个角度来缓解压力。一是解决问题的角度，即我们直接面对并解决问题，以缓解压力。例如，面对考试的压力，通过认真备考、不断弥补知识的薄弱项，知识掌握牢固了，压力自然就减轻了。二是调节情绪的角度，即在生活中有些造成压力的问题并非是我们所能解决的，如情感、社交等方面的问题，此时我们就可以调整自身情绪，接纳现实，并从中寻找积极的一面。例如，在人际交往过程中，我们可能难免会遇到有的人就是不喜欢自己，面对这样的情况，我们就需要调节自己的情绪，告诉自己"我并不需要每个人都喜欢我""每个人都有自己的个性，我们只是性格不合而已"。在处理人际关系时，心理理解能力尤为重要。我们通过增强心理理解能力，学会换位思考，可以减少误解和冲突，从而有效缓解社交关系中的压力。

3. 构建应对压力的发展资源系统

为了有效应对压力,我们可以构建一个全面的发展资源系统。这一系统涵盖多方面的内容。根据研究,青少年拥有十个主要的发展资源,有四个来源于外部环境,有六个来源于自身。

青少年拥有的来源于外部环境的发展资源主要包括来自家庭环境的发展资源和来自学校环境的发展资源。来自家庭环境的发展资源有家长的情绪情感支持和权威教养(既赋予小孩自主权又设立规矩),来自学校环境的发展资源有同伴关系(同伴融入)和学校融入(对学校课程设置和校园环境的喜爱与接受)。

来源于自身的六个发展资源主要有:①能够认识自己并理解他人,即具备换位思考的能力,这是建立良好人际关系的基础。②自尊,自尊是我们喜欢自己的表现,它让我们在面对挑战时更加自信。③自我效能感,即相信自己有能力完成某项任务,这是达到目标的关键动力。④乐观,它使我们总是能够看到事情积极的一面。⑤心理一致感或对环境的掌控感,即在不同的环境下都能知道我就是我,而不是我在不停地变化。⑥自控能力,它能够帮助我们抵制即时的诱惑,追求长远的利益。这些发展资源共同构成了我们应对压力的强大武器。

| 探知无界 | 从心理学理解成长中的自己

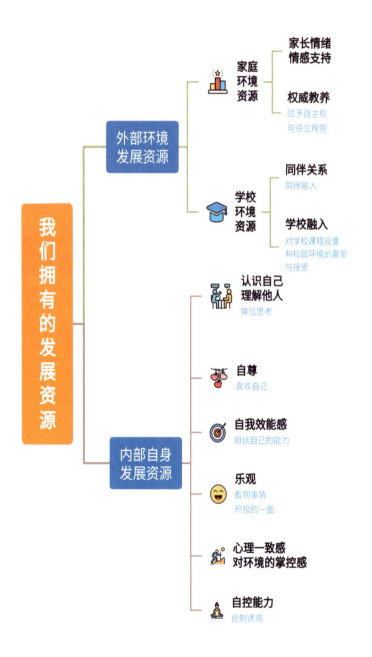

有趣的实验

棉花糖实验也称为斯坦福棉花糖实验或延迟满足实验,是由斯坦福大学的心理学家沃尔特·米歇尔在20世纪60—70年代早期进行的一系列研究儿童的自控能力和延迟满足能力的心理学实验。

在实验中,研究者会给参加测试的儿童提供一颗棉花糖,并告诉他们可以选择立刻吃掉这一颗棉花糖,或者等待一段时间(通常为15分钟)后得到两颗棉花糖。

实验结束后,大部分的儿童没有抵制住棉花糖的诱惑,选择吃掉了这颗棉花糖;还有一小部分儿童坚持了15分钟,并得到了两颗棉花糖的奖励。多年后,该研究小组回访了这群儿童,以探究在棉花糖实验中选择延迟满足的做法是否与他们所获得的成就具有相关性。在后来的研究中发现,那些坚持等待并获得两颗棉花糖的儿童具有更好的人生表现。

增强自控能力的小游戏

以下这些游戏可以增强我们的自控能力,我们可以多做哦!

1. 逢7必过

逢7必过是一个报数游戏,玩家依次报数,但当数字包含7或者是7的倍数(如14、28、35等)时,玩家需执行特定动作(如鼓掌或敲桌子)代替报数。

2. Stroop 挑战

Stroop 挑战是用不同颜色的笔写一些表示颜色的词,玩家判断这个词的颜色,而不理会这个词本身的语义。

试一试依次说出上面每个字的颜色(并非读每一个字)

3. 大西瓜、小西瓜

玩家围成一个圈,依次说出"大西瓜"或"小西瓜",并做出相反手势(大西瓜的手势为小圆圈,小西瓜的手势为张开双臂)。

北大附中简介

北京大学附属中学（简称北大附中）创办于1960年，作为北京市示范高中，是北京大学四级火箭（小学－中学－大学－研究生院）培养体系的重要组成部分，同时也是北京大学基础教育研究实践和后备人才培养基地。建校之初，学校从北京大学各院系抽调青年教师组成附中教师队伍，一直以来秉承了北京大学爱国、进步、民主、科学的优良传统，大力培育勤奋、严谨、求实、创新的优良学风。

60多年的办学历史和经验凝炼了北大附中的培养目标：致力于培养具有家国情怀、国际视野和面向未来的新时代领军人才。他们健康自信、尊重自然、善于学习、勇于创新，既能在生活中关爱他人，又能热忱服务社会和国家发展。

北大附中在初中教育阶段坚持"五育并举、全面发展"的目标，在做好学段进阶的同时，以开拓创新的智慧和勇气打造出"重视基础，多元发展，全面提高素质"的办学特色。初中部致力于探索减负增效的教育教学模式，着眼于学校的高质量发展，在"双减"背景下深耕精品课堂，开设丰富多元的选修课、俱乐部及社团课程，创设学科实践、跨学科实践、综合实践活动等兼顾知识、能力、素养的学生实践学习课程体系，力争把学生培养成乐学、会学、善学的全面发展型人才。

北大附中在高中教育阶段创建学院制、书院制、选课制、走班制、导师制、学长制等多项教育教学组织和管理制度，开设丰富的综合实践和劳动教育课程，在推进艺术、技术、体育教育专业化的同时，不断探索跨学科科学教育的融合与创新。学校以"苦炼内功、提升品质、上好学年每一课"为主旨，坚持以学生为中心的自主学习模式，采取线上线下相结合的学习方式，不断开创国际化视野的国内高中教育新格局。

2023年4月，在北京市科协和北京大学的大力支持下，北大附中科学技术协会成立，由三方共建的"科学教育研究基地"于同年落成。学校确立了"科学育人、全员参与、学科融合、协同发展"的科学教育指导思想，由学校科学教育中心统筹全校及集团各分校科学教育资源，构建初高贯通、大中协同的科学教育体系，建设"融、汇、贯、通"的科学教育课程群，着力打造一支多学科融合的专业化科学教师队伍，立足中学生的创新素养培育，创设有趣、有价值、全员参与的科学课程和科技活动。